武陵山区药用及食用植物资源

湖北册

付海燕 刘虹 覃瑞 主编

化学工业出版社

·北京·

内容简介

武陵山区植物资源极为丰富。本书介绍了分布于湖北省境内武陵山区的部分植物，主要包括三大部分、药用植物、药食兼用植物和其他植物。大多植物涉及中文名、俗名、学名、形态学特征、产区介绍、分布、化学成分和价值。多数植物既可作为观赏植物被游客欣赏，也可以提取生物活性成分用于开发天然药物，或者加工成功能食品和其他特色食品。

本书可供从事植物学、药学、食品科学等专业的师生及其他相关人员参考。

图书在版编目(CIP)数据

武陵山区药用及食用植物资源．湖北册/付海燕，刘虹，覃瑞主编．—北京：化学工业出版社，2023.10
ISBN 978-7-122-44249-9

Ⅰ.①武… Ⅱ.①付…②刘…③覃… Ⅲ.①食用植物-植物资源-湖北②药用植物-植物资源-湖北 Ⅳ.①Q948.52

中国国家版本馆CIP数据核字（2023）第205050号

责任编辑：彭爱铭　　　　　　　　文字编辑：李娇娇
责任校对：边　涛　　　　　　　　装帧设计：史利平

出版发行：化学工业出版社（北京市东城区青年湖南街13号　邮政编码100011）
印　　装：北京捷迅佳彩印刷有限公司
710mm×1000mm　1/16　印张 $7^{1}/_{2}$　字数125千字
2024年1月北京第1版第1次印刷

购书咨询：010-64518888　　　　　售后服务：010-64518899
网　　址：http://www.cip.com.cn
凡购买本书，如有缺损质量问题，本社销售中心负责调换。

定　　价：88.00元　　　　　　　　　　　　　　　版权所有　违者必究

"武陵山区药用及食用植物资源丛书"编审委员会

丛 书 主 编： 付海燕　覃　瑞　刘　虹

丛书副主编： 张小波

委　　　员： 杨　健　刘大会　杨小龙　姚　明
　　　　　　　陈亨业　龙婉君　兰　薇　刘庆培
　　　　　　　王文静　李　静

主　　　审： 刘　虹

秘 书 长： 刘　虹

"武陵山区药用及食用植物资源丛书"建设单位（排名不分先后）

中南民族大学

中国中医科学院中药资源中心

农业农村部食物与营养发展研究所

湖北中医药大学

途见（武汉）生态科技有限公司

《武陵山区药用及食用植物资源—湖北册》编写人员名单

主　　　编： 付海燕　刘　虹　覃　瑞

副　主　编： 张小波　杨小龙　刘大会

其他参编人员： 易丽莎　杨　健　兰进茂　兰德庆
　　　　　　　　姚　明　陈亨业　龙婉君　兰　薇
　　　　　　　　刘庆培　王文静　李　静　韦金婷
　　　　　　　　詹　鹏　周南翔　王俊杰

摄　　　影： 刘　虹　兰德庆　易丽莎

前·言

  中医药学的传承及中草药的使用是中华民族的药学之本,以药入药、以食入药作为民族文化与历史的一部分,在医药科学以及药膳生活方面有重要地位。药用植物资源是人类丰富而伟大的宝库,我国对中药材的试验、探索、传承有着千百年深厚的文化历史传统。古有"神农尝百草"后留下的多本珍贵古籍,如今中医的传承和利用仍在不断发扬光大。药用植物资源产区分布研究对于中药材的地理分布变迁规律、环境影响、有效成分的积累、资源形成及开发有着重要意义。

  药用及食用植物资源即我们通常提及的药食同源或药食兼用植物资源,即食物与药物具有相同的起源。古代医学家将中药的"四性""五味"理论应用到食物当中,认为每种食物也具备"四性""五味"。我国药食同源的思想是中医养生思想的反映，包括食养、食疗、药膳等内容。在古代，人们在寻找食物的过程中发现了各种食物和药物的性味和功效，认识到许多食物可以药用，许多药物也可以食用，两者之间很难严格区分，这就是药食同源理论的基础，也是食物疗法的基础。现今，随着社会经济的发展、生活水平的提高，人们的养生保健意识也逐渐增强。在日常生活中，人们食用药食同源的食物，在食疗的过程中就可以起到保健和预防疾病的作用。

武陵山区位于湘、鄂、渝、黔交界处，属于我国海拔地形第二级台阶东部边缘的一部分，是连接云贵高原和洞庭湖平原的过渡地带，也是我国亚热带生物多样性分布的核心区域。区内地形地貌复杂，喀斯特地貌明显，植物资源特别是药用植物资源非常丰富。武陵山区是华中药材主产区，药材品种多、产量大，是我国发展中药材的重点区域。

"武陵山区药用及食用植物资源丛书"以地域为分界，分为湖北册、湖南册、贵州册和重庆册，共4册。本丛书对武陵山地区药用以及食用植物资源进行了初步探索研究，并结合了作者多年野外科学考察、植物拍摄、标本采集等成果。将所得成果进行科学分类整理，配备相关植物中文名、俗名、学名、系统位置、产区介绍、分布等信息，加上高清彩色图片，以图文结合的形式展示武陵山各地区的药用及食用植物资源，便于读者更加清晰地了解武陵山地区药材资源的特色，对于更新和丰富中医药文化具有重要意义和价值。

编者

2023年3月

目 录

一、湖北武陵山区药用植物资源 / 001

1. 巴东独活 002
2. 利川大黄 / 004
3. 利川黄连 / 006

二、湖北武陵山区药食兼用植物资源 / 009

1. 来凤凤头姜 / 010
2. 利川莼菜 / 012
3. 利川山药 / 014
4. 巴东大蒜 / 016
5. 鹤峰灰灰菜 / 018
6. 板桥党参 / 020
7. 长阳木瓜 / 022
8. 长阳金栀 / 024
9. 鹤峰葛仙米 / 026
10. 走马葛仙米 / 028
11. 来凤大头菜 / 030
12. 来凤藤茶 / 032
13. 宜昌木姜子 / 034
14. 恩施青钱柳 / 036
15. 巴东玄参 / 038
16. 恩施紫油厚朴 / 040
17. 建始厚朴 / 042
18. 宜昌天麻 / 044
19. 五峰香葱 / 046
20. 五峰绿茶 / 048
21. 五峰宜红茶 / 050
22. 宜都宜红茶 / 052
23. 宜都天然富锌茶 / 054
24. 宜昌红茶 / 056

目·录

25. 利川红茶 / 058
26. 伍家台贡茶 / 060
27. 翠泉绿茶 / 062
28. 鹤峰绿茶 / 064
29. 恩施玉露 / 066
30. 恩施富硒茶 / 068
31. 唐崖茶 / 070
32. 马坡茶 / 072

三、湖北武陵山区其他植物资源 / 075

1. 恩施土豆 / 076
2. 利川天上坪高山甘蓝 / 078
3. 利川天上坪白萝卜 / 080
4. 利川天上坪大白菜 / 082
5. 建始猕猴桃 / 084
6. 宜昌猕猴桃 / 086
7. 宣恩贡水白柚 / 088
8. 景阳核桃 / 090
9. 关口葡萄 / 092
10. 秭归夏橙 / 094
11. 秭归桃叶橙 / 096
12. 清江椪柑 / 098
13. 宜都蜜柑 / 100
14. 小村红衣米花生 / 102
15. 宣恩贡米 / 104
16. 石马槽大米 / 106
17. 五峰烟叶 / 108
18. 金丝桐油 / 110

参考文献 / 112

一、湖北武陵山区药用植物资源

1. 巴东独活

[**中文名**] 独活

[**俗名**] 独摇草、肉独活

[**学名**] *Heracleum hemsleyanum* Diels

[**系统位置**] 伞形科 Apiaceae 独活属 *Heracleum*

[**分布**] 巴东独活地理标志产品保护范围主要为湖北省巴东县。巴东县位于恩施土家族苗族自治州的北部。

[**形态学特征**] 巴东独活为多年生草本。茎带紫色,光滑,有槽纹。基生叶及茎下部叶三角形,2~3回三出式羽状全裂,最终裂片长圆形,两面均被短柔毛,边缘有不整齐重锯齿;茎上部叶简化成叶鞘。复伞形花序密被黄色柔毛;伞幅10~25;小总苞片5~8;花梗15~30;花白色。双悬果长圆形,侧棱翅状。

花期7~9月,果期9~10月。

[**产区介绍**] 巴东县为典型的温凉湿润气候,海拔15~3005m,为不同独活的生长提供了适宜的生态环境。据《中华药典》和《巴东县志》记载:独

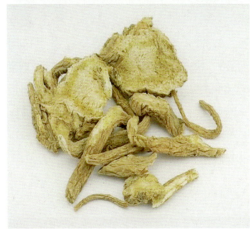

活出口，以巴东独活为正品。《药物出产辨》载：独活，以湖北巴东县为最。巴东县独活种植面积530～667公顷，年产量300～500吨。2009年8月31日，国家质量监督检验检疫总局（简称国家质检总局）批准对"巴东独活"实施地理标志产品保护。

[价值] 巴东独活有广泛的抗菌作用；能抑制二磷酸腺苷体外诱导的大鼠血小板聚集；具有拮抗钙通道阻滞剂受体的活性。此外还有解痉、镇痛、镇静、抗炎、光敏等作用。独活中含有的佛手柑内酯对实验性胃溃疡有中等强度的保护作用。

2. 利川大黄

[中文名] 掌叶大黄

[俗名] 大黄

[学名] *Rheum palmatum* L.

[系统位置] 蓼科 Polygonaceae 大黄属 *Rheum*

[分布] 利川大黄地理标志产品保护范围主要为湖北省利川市。

[形态学特征] 大黄是多年生高大草本。生于山地林缘或草坡，野生或栽培，根茎粗壮。茎直立，高2m左右，中空，光滑无毛。基生叶大，有粗壮的肉质长柄，约与叶片等长；叶片宽心形或近圆形，径达40cm以上，3～7掌状深裂，每裂片常再羽状分裂，上面流生乳头状小突起，下面有柔毛；茎生叶较小，有短柄；托叶鞘筒状，密生短柔毛。花序大圆锥状，顶生；花梗纤细，中下部有关节。花紫红色或带红紫色；花被片6，长约1.5mm，成2轮；雄蕊9；花柱3。瘦果有3棱，沿棱生翅，顶端微凹陷，基部近心形，暗褐色。

花期6～7月，果期7～8月。

[产区介绍] 利川市位于鄂西南隅，市境属云贵高原东北的延伸部分，地处巫山流脉与武陵山北上余脉的交汇部，部分地区处于海拔1200m以上的高山地带，气候寒冷，冬长夏短，风大雪多，符合大黄喜高寒怕涝的生长环境。利川大黄因根茎中部干燥后凹缩为马蹄状而得名"马蹄大黄"，种植面积达10余万亩，产值超4.5亿元。2021年4月，利川大黄被农业农村部公示为"2021年第一批农产品地理标志登记产品"。

[价值] 大黄中的结合型蒽醌类/蒽酮类成分有一定的泻下作用，游离蒽醌类成分有一定的清热作用和利湿退黄作用，鞣质类成分有一定的凉血作用，黄酮类成分有一定的活血作用。利川大黄具有泻热通便、凉血解毒、清热除湿的功能，同时也表现出保护脑及心脏，调节雌激素水平，改善记忆功能，减弱免疫排斥反应等作用。

3. 利川黄连

[中文名] 黄连

[俗名] 鸡爪黄连、南岸味连

[学名] *Coptis chinensis* Franch.

[系统位置] 毛茛科 Ranunculaceae 黄连属 *Coptis*

[分布] 利川黄连地理标志产品保护范围主要为湖北省利川市。

[形态学特征] 利川黄连多集聚成簇，常弯曲，形如鸡爪。表面灰黄色或黄褐色，断面皮部橙红色或暗棕色，木质部鲜黄色或橙黄色，呈放射状排列。气微，味极苦。

花期2～3月。

[产区介绍] 利川地处中亚热带与北亚热带的过渡地带，属亚热带大陆性

季风气候,冬暖夏热,湿润多雨,冬长夏短,年均气温8～12℃,年日照时长1278h,年降雨量1500mm,无霜期190天,是黄连适生区域。得天独厚的自然资源,造就了利川黄连独特的品质。利川黄连种植面积超过7000公顷,年产量3000吨。2004年12月23日,国家质量监督检验检疫总局(国家质检总局)批准对"利川黄连"实施地理标志产品保护。

[价值] 黄连水煎剂或水浸液能抑制痢疾杆菌、布鲁氏菌、金黄色葡萄球菌等的生长;可抑制胆碱酯酶,并有镇静、降温、局部麻醉、利胆及使血糖先升高后降低的作用。总之,黄连有抗菌、抗病毒、利胆、镇静等作用。其叶和须根亦可作兽药用。

二、湖北武陵山区药食兼用植物资源

1. 来凤凤头姜

[**中文名**] 姜

[**俗名**] 姜根、百辣云

[**学名**] *Zingiber officinale* Roscoe

[**系统位置**] 姜科 Zingiberaceae 姜属 *Zingiber*

[**分布**] 来凤凤头姜地理标志产品保护范围主要为湖北省来凤县。

[**形态学特征**] 因其形似凤头而得名，其姜柄如指，尖端鲜红，略带紫色，块茎白，品质优良、风味独特。鲜子姜无筋脆嫩、辛辣适中、美味可口，老姜皮薄色鲜、富硒多汁、纤维化程度低、营养丰富、风味独特。

[**产区介绍**] 来凤生姜因其每柄有二三十头，形如凤凰头，俗称"凤头姜"。据《来凤县志》记载，来凤县栽培凤头姜的历史已有300多年，以其富硒多汁、无筋脆嫩、营养丰富、香味清纯成为湖北省乃至全国之名产。2007年12月28日，

国家质检总局批准对"来凤凤头姜"实施地理标志产品保护。

[价值] 营养价值：凤头姜富含多种维生素、氨基酸、蛋白质、脂肪、胡萝卜素、姜油酮、酚、醇以及人体必需的铁、锌、钙、硒等元素，具有健脾开胃、御寒祛湿、加速血液循环、防癌之功效。

药用价值：传统食用效果和科学研究表明，凤头姜在医学上占有特殊地位，它含的姜醇、姜烯、姜辣素等，对人体健康很有益处。因此，适量食用凤头姜，能起到增进食欲、温中止呕、止咳祛痰、提神活血等作用。

2. 利川莼菜

[**中文名**] 莼菜
[**俗名**] 水案板、马蹄菜
[**学名**] *Brasenia schreberi* J. F. Gmel.

[系统位置] 莼菜科 Cabombaceae 莼菜属 *Brasenia*

[分布] 利川莼菜地理标志产品保护范围主要为湖北省利川市。利川莼菜集中分布在海拔1400m的福宝山一带。

[形态学特征] 多年生水生草本，花两性，须根系；根状茎具叶及匍匐枝，后者在节部生根，并生具叶枝条及其他匍匐枝。叶椭圆状矩圆形，下面蓝绿色，两面无毛，从叶脉处皱缩；叶柄和花梗均有柔毛。花暗紫色；萼片及花瓣条形，先端圆钝。坚果矩圆卵形，有3个或更多成熟心皮；种子1~2，卵形。

花期6月，果期10~11月。

[产区介绍] 湖北省利川市属云贵高原东北的延伸部分，适宜莼菜植物生长。2008年，利川市莼菜种植面积达到1.5万亩，年产优质莼菜1400余吨，成为中国莼菜基地面积到产量最大的县区。2017年，利川市有莼菜面积3万余亩，年产量超过3万吨，种植面积和年产量中国第一。2004年12月23日，国家质检总局批准对"利川莼菜"实施地理标志产品保护。

[价值] 莼菜味甘、性寒。叶的背面分泌一种类似琼脂（洋菜）的黏液，在未露出水面的嫩叶上此种黏液更多。莼菜含蛋白质、脂肪、多缩戊糖、没食子酸等。主治高血压、泻痢、胃痛、呕吐、反胃、痈疽疔肿、热疖。

3. 利川山药

[**中文名**] 山药（薯蓣）

[**俗名**] 野山豆、野脚板薯

[**学名**] *Dioscorea polystachya* Turcz.

[**系统位置**] 薯蓣科 Dioscoreaceae 薯蓣属 *Dioscorea*

[**分布**] 利川山药地理标志产品保护范围主要为湖北省利川市。

[**形态学特征**] 缠绕草质藤本。块茎长圆柱形，垂直生长，断面干时白色。茎通常带紫红色，右旋，无毛。单叶，在茎下部的互生，中部以上的对生，很少3叶轮生；叶片变异大，卵状三角形至宽卵形或戟形；叶腋内常有珠芽。雌雄异株。雄花序为穗状花序；花序轴明显地呈"之"字状曲折；苞片和花被片有紫褐色斑点；雄花的外轮花被片为宽卵形，内轮卵形。雌花序为穗状花序。蒴果不反

折,三棱状扁圆形或三棱状圆形,外面有白粉;种子四周有膜质翅。

花期6～9月,果期7～11月。

[产区介绍] 利川自古种植山药,利川素有"山药之乡"的美誉。利川山药有1500多年的种植历史,利川市山药种植总面积达到4000公顷,山药总产量达到9000万千克。20世纪70年代,利川山药被国家卫生部确定为既是食品,又是良药的96种动植物之一。2007年9月6日,国家质检总局批准对"利川山药"实施地理标志产品保护。

[价值] 食用:块茎富含淀粉,可供蔬食。山药是润肺、健脾、补肾的佳品。山药黏糊糊的汁液主要是黏蛋白,能保持血管弹性,还有润肺止咳的功能。山药可与红枣搭配熬粥,或用于煲汤,也可与各种食材清炒。

药用:根可入药,性甘,温、平,无毒。主治伤中,补虚羸,除寒热邪气,补中,益气力,长肌肉,强阴。久服,耳聪目明,轻身。

4. 巴东大蒜

[**中文名**] 蒜

[**俗名**] 胡蒜、独蒜、蒜头、大蒜

[**学名**] *Allium sativum* L.

[**系统位置**] 百合科 Liliaceae 葱属 *Allium*

[**分布**] 巴东大蒜地理标志产品保护范围主要为湖北省巴东县。目前巴东大蒜产地范围覆盖野三关、清太坪、大支坪、绿葱坡、水布垭、金果坪6个乡镇。

[**形态学特征**] 鳞茎单生，球状或扁球状，常由多数小鳞茎组成，外为数层鳞茎外皮包被，外皮白或紫色，膜质，不裂；叶宽线形或线状披针形，短于花葶；花梗纤细，长于花被片；小苞片膜质，卵形，具短尖；花常淡红色；内轮花被片卵形，外轮卵状披针形，长于内轮；子房球形；花柱不伸出花被。花期7月。

[**产区介绍**] 巴东大蒜已有1000多年的种植历史，相传从寇准劝农时就开

始种植。据《巴东县志》记载：巴东大蒜，主要为桐子蒜，具有蒜头大、整齐、瓣少而紧、皮肉洁白、香味浓、辣度适中等特点。2013年被国家工商行政管理总局授予国家地理标志证明商标产品，巴东县的大蒜基地和散户种植面积共计数万亩。

[价值] 大蒜中的含硫有机物等功能成分不仅能抑制致癌物质亚硝胺类在体内的合成，而且对肿瘤细胞有直接杀伤作用。大蒜还具有以下作用：保护心血管系统，抗高血脂和动脉硬化、抗血小板聚集、增强纤维蛋白溶解功能和扩张血管产生降压作用；活化细胞，促进能量产生，加快新陈代谢，扩张血管，改善血液循环，缓解疲劳等；保护肝脏，调节血糖水平，降低血液黏度，预防血栓。

5. 鹤峰灰灰菜

[中文名] 藜（灰灰菜）

[俗名] 野灰菜、灰蓼头草、灰条菜、灰藋

[学名] *Chenopodium album* L.

[系统位置] 苋科 Amaranthaceae 藜属 *Chenopodium*

[分布] 鹤峰灰灰菜主要产于湖北恩施土家族苗族自治州鹤峰县。

[形态学特征] 一年生草本植物，高60～350cm；茎直立，粗壮，有棱和绿色或紫红色的条纹，多分枝；枝上升或开展。叶子背面有泛白的小颗粒状。叶有长叶柄；叶片菱状卵形至披针形，长3～6cm，宽2.5～5cm，先端急尖或微钝，基部宽楔形，边缘常有不整齐的锯齿，下面生粉粒，灰绿色。花两性，数个集成团伞花簇，多数花簇排成腋生或顶生的圆锥状花序；花被片5，宽卵形或椭圆形，具纵脊和膜质的边缘，先端钝或微凹；雄蕊5；柱头2。胞果完全包于花被内或端稍露，果皮薄，和种子紧贴；种子横生，双凸镜形，直径1.2～1.5mm，具光泽，表面有不明显的沟纹及点洼；胚环形。

花果期5～10月。

[产区介绍] 鹤峰县境内地形西北高，海拔194.6~2098.1m，相对高差1903.5m；亚热带大陆性季风湿润气候，四季分明，降水充沛，平均年降水量1701~1978mm。鹤峰县的灰灰菜基地和散户种植面积近千亩。

[价值] 灰灰菜性味甘、平，微毒。食用灰灰菜能够预防贫血，促进儿童生长发育，对中老年缺钙者也有一定保健功能。另外，全草还含有挥发油、藜碱等特有物质，能够防治消化道寄生虫、消除口臭。

6. 板桥党参

[中文名] 党参

[俗名] 板党、中国板党

[学名] *Codonopsis pilosula* (Franch.) Nannf.

[系统位置] 桔梗科 Campanulaceae 党参属 *Codonopsis*

[分布] 板桥党参地理标志产品地域保护范围主要为湖北省恩施市板桥镇。该地平均海拔高度 1666.5m。

[形态学特征] 植株除叶片两面密被微柔毛外，全体几近于光滑无毛。茎基

微膨大,具多数瘤状茎痕,根常肥大呈纺锤状或纺锤状圆柱形,较少分枝或中部以下略有分枝,表面灰黄色,上端1~2cm部分有稀或较密的环纹,而下部则疏生横长皮孔,肉质。茎缠绕,具叶,不育或顶端着花,淡绿色、黄绿色或下部微带紫色,叶在主茎及侧枝上的互生,在小枝上的近于对生,花单生于枝端,与叶柄互生或近于对生;种子多数,椭圆状,无翼,细小,光滑,棕黄色。

花果期7~10月。

[产区介绍] 恩施板桥党参是中国四大名党参之首。冯耀南等编著《中药材商品规格质量鉴别》中载,"板党"主产于湖北恩施,2006年4月27日,国家质检总局批准对"板桥党参"实施地理标志产品保护。湖北省板桥镇春秋相连,冬季寒冷,年平均气温10℃,最适于党参生长。板桥镇现有党参种植面积2000余亩。

[价值] 党参味甘,性平。党参根含挥发油、黄芩素、葡萄糖苷、微量生物碱、皂苷、蛋白质等成分。以根入药,是调理身体、益气、补虚、提高免疫力的最佳食材之一。具有补气血、养脾胃、润肺生津、治疗身体虚弱之功能。

7. 长阳木瓜

[**中文名**] 木瓜

[**俗名**] 皱皮木瓜

[**学名**] *Pseudocydonia sinensis* (Thouin) C. K. Schneid.

[**系统位置**] 蔷薇科 Rosaceae 木瓜属 *Pseudocydonia*

[**分布**] 长阳木瓜地理标志产品地域保护范围主要为湖北省宜昌市长阳土家族自治县。

[**形态学特征**] 落叶灌木，高达2m，枝条直立开展，有刺；叶片卵形至椭圆形，稀长椭圆形，长3～9cm，宽1.5～5cm，先端急尖，稀圆钝，基部楔

形至宽楔形,边缘具有尖锐锯齿,齿尖开展,无毛或在萌蘖上沿下面叶脉有短柔毛;花先叶开放,3~5朵簇生于二年生老枝上;花梗短粗,长约3mm或近于无柄;花直径3~5cm;花瓣倒卵形或近圆形,猩红色,稀淡红色或白色;果实球形或卵球形,直径4~6cm,黄色或带黄绿色,有稀疏不明显斑点,味芳香;萼片脱落,果梗短或近于无梗。

花期3~5月,果期9~10月。

[产区介绍] 长阳土家族自治县"资丘皱皮木瓜"是湖北省宜昌市长阳土家族自治县的特产。2000年国家启动首轮退耕还林项目,着力"药用皱皮木瓜"产业建设。长阳榔坪镇在318国道沿线打造出了高规格木瓜绿色经济带,种植总面积达到2万亩。

[价值] 长阳木瓜含大量有机酸、维生素和多种蛋白酶,具有平肝舒筋、和胃化湿、抗炎抑菌、降低血脂等功效,对痢疾杆菌和金黄色葡萄球菌、癌细胞等有较强的抑制作用。"资丘皱皮木瓜"被广泛用于临床配方生产妙济丸、木瓜丸、参茸木瓜酒等多种中成药品,以及木瓜洗面奶、沐浴露等化妆洗浴用品。木瓜还是生产保健食品的优质原料。

二、湖北武陵山区药食兼用植物资源

8. 长阳金栀

[中文名] 水栀子

[俗名] 金栀

[学名] *Gardenia jasminoides* 'Radicans'

[系统位置] 茜草科 Rubiaceae 栀子属 *Gardenia*

[分布] 长阳金栀地理标志产品地域保护范围主要为湖北省长阳土家族自治县。长阳金栀基地主要分布在长阳都镇湾和鸭子口两个乡镇。

[形态学特征] 株高可达 2m 多。根淡黄色，多分枝，植株平滑，枝梢有柔毛；叶对生或 3 叶轮生，披针形，革质、光亮，托叶膜质；花单生于叶腋中，有短梗，花萼呈圆筒形，单生花瓣 5～6 枚，白色，肉质，有香气，夏初开花；果

实倒卵形或长椭圆形，扁平，果实硕大，外有黄色胶质物，秋日果熟时呈金黄色或橘红色。

花期3～7月。

[产区介绍] 长阳土家族自治县都镇湾镇是"长阳金栀"之乡，全镇种植面积超过24万亩，年产金栀花茶200吨。因其独特的地理环境和在种植方法上采用农家肥培育，故果实质地优良，含有相当高的营养成分和色素率。2016年，国家质检总局批准对"长阳金栀"实施地理标志产品保护。

[价值] 在医药用途中，具有清热、消炎、止血、利胆、降血压之保健功效。人工栽培的水栀子果实个大、色鲜，主要用于提取食用色素。同时，水栀子也是一种优良的绿化苗木，其花鲜艳、烂漫。

9. 鹤峰葛仙米

[**中文名**] 葛仙米

[**俗名**] 天仙米、天仙菜、地木耳、田木耳、水木耳

[**学名**] *Nostoc Sphaeroides*

[**系统位置**] 念珠藻科 Nostocaceae 念珠藻属 *Nostoc*

[**分布**] 鹤峰葛仙米地理标志产品地域保护范围主要为湖北省鹤峰县。

[**形态学特征**] 藻体蓝绿褐色，由单细胞串成念珠形的丝状体组织，外被透明的胶质鞘，幼小时为实心，长成后为空心，老时破裂成片状。潮湿时开展，青绿色，干燥时卷缩，状似黑木耳，灰褐色。

[**产区介绍**] 鹤峰葛仙米出产于距县城百余里大岩观外，即走马镇附近。走马镇地处中国海拔965m的四大磷矿背斜的富矿带一角，四季分明，雨量充沛，

雨热同季，适宜种植葛仙米。2014年4月9日，国家质检总局批准对"鹤峰葛仙米"实施地理标志产品保护。

[价值] 鹤峰葛仙米性寒、味淡，可以消热、收敛、益气、明目，主治夜盲症、脱肛；外用可治烧伤、烫伤及护肤美容等。

10. 走马葛仙米

[**中文名**] 葛仙米

[**俗名**] 天仙米、天仙菜、地木耳、田木耳、水木耳

[**学名**] *Nostoc commune* Vauch

[**系统位置**] 念珠藻科 Nostocaceae 念珠藻属 *Nostoc*

[**分布**] 走马葛仙米地理标志产品地域保护范围主要为湖北省鹤峰县走马镇。

[**形态学特征**] 走马葛仙米，成品为墨绿色颗粒状，无异味，不得有非葛仙米夹杂物；温水复原后，为呈墨绿色且直径不超过8mm的圆珠状，玲珑剔透，

具有鹤峰走马葛仙米独特的清香味，汤无色、清澈、明亮。

[产区介绍] 走马镇属亚热带大陆非季风湿润气候，拥有高山、二高山、低山三种地理形态的特殊气候。四季分明，冬冷夏热，春早秋爽，雨量充沛，雨热同季，适宜种植葛仙米。鹤峰县走马葛仙米总生产面积1000余公顷。

2008年11月3日，农业部正式批准对"走马葛仙米"实施农产品地理标志登记保护。

[价值] 走马葛仙米含15种氨基酸、多种维生素和人体必需的微量元素，其性寒、味淡，可以消热、收敛、益气、明目等。

二、湖北武陵山区药食兼用植物资源

11. 来凤大头菜

[**中文名**] 芥菜疙瘩

[**俗名**] 大头菜

[**学名**] *Brassica juncea* var. *napiformis* Pailleux et Bois

[**系统位置**] 十字花科 Brassicaceae 芸薹属 *Brassica*

[**分布**] 来凤大头菜农产品地理标志地域保护范围主要为湖北省恩施土家族苗族自治州来凤县。

[**形态学特征**] 全株无毛，稍有粉霜；块根圆锥形，半在地上，外皮白色，根肉质，白色或黄色，有辣味，半在地下，两侧各有1条纵沟，在纵沟内生须根；茎直立，从基部分枝；基生叶及下部茎生叶长圆状卵形，有粗齿，稍具粉霜。花浅黄色；萼片披针形或长圆卵形；花瓣倒卵形，顶端微凹，有细爪；长角

果线形,稍侧扁,喙圆锥形。

花期4~5月,果期5~6月。

[产区介绍] 来凤县气候属亚热带大陆性季风湿润型山地气候,具有夏无酷暑、冬无严寒、温暖湿润、四季分明、雨量充沛、雨热同期特点,适合大头菜的生长。种植面积稳定在1万亩以上。

[价值] 大头菜含有大量的抗坏血酸,抗坏血酸是活性很强的还原物质,它可参与人体重要的氧化还原过程,能增加大脑中氧含量,激发大脑对氧的利用,具有提神醒脑、解除疲劳的作用。大头菜能够抗感染和预防多种疾病的发生,抑制细菌毒素的毒性,促进伤口愈合,可用来辅助治疗感染性疾病。

12. 来凤藤茶

[中文名] 大齿牛果藤

[俗名] 显齿蛇葡萄

[学名] *Nekemias grossedentata* (Hand.-Mazz.) J. Wen & Z. L. Nie

[系统位置] 葡萄科 Vitaceae 牛果藤属 *Nekemias*

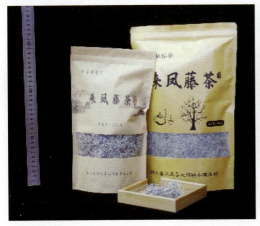

[分布]来凤藤茶农产品地理标志地域保护范围主要为湖北省恩施土家族苗族自治州来凤县。

[形态学特征]小枝圆柱形,有显著纵棱纹,无毛;卷须2叉分枝;一至二回羽状复叶,二回羽状复叶者基部一对为3小叶,小叶宽卵形或长椭圆形,长2~5cm,宽1~2.5cm,有粗锯齿,两面无毛,干时同色;叶柄长1~2cm,无毛;花萼碟形,边缘波状浅裂;花瓣卵状椭圆形;花盘发达,波状浅裂;子房下部与花盘合生,花柱钻形;果近球形,径0.6~1cm,有种子2~4;种子腹面两侧洼穴向上达种子近中部。

花期5~8月,果期8~12月。

[产区介绍]来凤藤茶,产于湖北省恩施土家族苗族自治州来凤县。北纬30°独特的地理环境,造就了来凤藤茶在"植物总黄酮含量""硒元素含量""营养成分的全面性"三个方面的保健优势。来凤现有藤茶种植面积7.2万亩。2013年3月15日,国家质检总局批准对"来凤藤茶"实施地理标志产品保护。

[价值]来凤藤茶味甘淡、性凉,具有清热解毒、抗菌消炎、祛风化湿、降血压、降血脂、保肝等功效,民间常用于高血压、感冒发热、心脑血管疾病等的预防。其富含人体必需的17种氨基酸、14种微量元素及多糖等,是已经发现的自然硒和黄酮成分含量最高的野生植物,是宝贵的药食两用之品。

13. 宜昌木姜子

[中文名] 宜昌木姜子

[俗名] 狗酱子树

[学名] *Litsea ichangensis* Gamble

[系统位置] 樟科 Lauraceae 木姜子属 *Litsea*

[分布] 宜昌木姜子农产品地理标志产品地域保护范围主要为宜昌市。

[形态学特征] 花序伞形，多单生。总梗长约4mm，总苞无毛，合片卵形或披针形；花8~12朵，花梗长3~4mm，花被裂片宽卵形，雄花长2mm，雄

蕊长4mm，均无毛。果圆球状，初为绿色，成熟后变为黑色或棕褐色，有网状皱纹。直径4～5mm，果托很小，果梗纤细，长约2cm。除去果皮，可见硬脆的果核，内含种子1粒，胚具子叶2片，黄色富油性。气芳香，味辛凉，微苦而麻。

花期4～5月，果期5～8月。

[产区介绍] 宜昌市地处长江上游与中游的结合部、鄂西武陵山脉和秦巴山脉向江汉平原的过渡地带，海拔35～2427m，垂直高差达2392m，四季分明，水热同季，适合木姜子生长。宜昌市种植面积已达到3万多亩。2017年12月22日，农业部正式批准对宜昌木姜子实施农产品地理标志登记保护。

[价值] 宜昌木姜子可以入药，有健脾、解毒、消肿的功效，常用于治疗腹胀、泄泻、痛经、疟疾、疮毒等病症，有抗真菌的作用，对各种癣病、白色念珠菌、新型隐球菌等有很好的抑制作用，同时还能抗过敏，对心律失常也有很好的缓解作用，果实可提取芳香油。

14. 恩施青钱柳

[**中文名**] 青钱柳

[**俗名**] 青钱李

[**学名**] *Cyclocarya paliurus* (Batalin) Iljinsk.

[**系统位置**] 胡桃科 Juglandaceae 青钱柳属 *Cyclocarya*

[**分布**] 恩施青钱柳农产品地理标志产品地域保护范围主要为恩施土家族苗族自治州恩施市。

[形态学特征] 乔木；树皮灰色；枝条黑褐色，具灰黄色皮孔。初生的叶芽密被锈褐色盾状着生的腺体。奇数羽状复叶具7～9（稀5或11）小叶；叶轴密被短毛或有时脱落而近于无毛；小叶纸质；杞侧生小叶近于对生或互生，长椭圆状卵形至阔披针形；叶缘具锐锯齿。雄性柔荑花序；花序轴密被短柔毛及盾状着生的腺体。雌性柔荑花序单独顶生。果实扁球形，密被短柔毛，果实及果翅全部被有腺体。

花期4～5月，果期7～9月。

[产区介绍] 恩施青钱柳，源自世界硒都恩施，生长于海拔800～1200m，适宜青钱柳生长。恩施州青钱柳种植面积达1万余亩。2021年4月被农业农村部公示为"2021年第一批农产品地理标志登记产品"。

[价值] 恩施青钱柳可以清热解毒、止痛，此外还可以降血糖、血脂和血压，提高机体免疫力，预防肿瘤；还有调节身体对糖分的代谢、修复受损的胰岛细胞、调节胆固醇的作用。

15. 巴东玄参

[中文名] 玄参

[俗名] 水萝卜

[学名] *Scrophularia ningpoensis* Hemsl.

[系统位置] 玄参科 Scrophulariaceae 玄参属 *Scrophularia*

[分布] 巴东玄参农产品地理标志产品地域保护范围主要为湖北省巴东县溪丘湾乡、沿渡河镇、茶店子镇、绿葱坡镇、大支坪镇、野三关镇、清太坪镇、水布垭镇、金果坪乡等9个乡镇。

[形态学特征] 高大草本。支根数条,纺锤形或胡萝卜状膨大。茎四棱形,有浅槽,无翅或有极狭的翅,无毛或多少有白色卷毛,常分枝。叶在茎下部多对生而具柄,上部的有时互生而柄极短,叶片多变化,多为卵形,边缘具细锯齿,稀为不规则的细重锯齿。花序为疏散的大圆锥花序,由顶生和腋生的聚伞圆锥花序合成;花褐紫色,花萼长2～3mm,裂片圆形,边缘稍膜质;花冠筒多少球形,裂片圆形,相邻边缘相互重叠。蒴果卵圆形。

花期6～10月,果期9～11月。

[产区介绍] 巴东县属于亚热带季风性气候,适宜玄参生长,全县适药面积达100万亩以上。巴东玄参个体均匀,质坚实,特异香气浓郁,药用成分含量高。2011年6月27日,国家质检总局批准对"巴东玄参"实施地理标志产品保护。

[价值] 该品苦寒清降,咸寒而润,能清营血分之热,用于治疗温热病热入营血;该品质润多液,能清热邪而滋阴液,用于热病伤津的口燥咽干、大便燥结、消渴等病症;可用于热毒炽盛的各种热证,取其清热泻火解毒的功效,治疗发热、咽肿、目赤、疮疖、脱疽等;该品味咸能软坚而消散郁结,可治疗痰火热结所致的肿结包块。

16. 恩施紫油厚朴

[中文名] 厚朴

[俗名] 凹叶厚朴

[学名] *Houpoea officinalis* (Rehder & E. H. Wilson) N. H. Xia & C. Y. Wu

[系统位置] 木兰科 Magnoliaceae 厚朴属 *Houpoea*

[分布] 恩施紫油厚朴地理标志产品保护范围主要为湖北省恩施市。

[形态学特征] 树皮厚；顶芽窄卵状圆锥形，无毛；幼叶下面被白色长毛，革质，7~9聚生枝端，长圆状倒卵形，先端具短急尖或钝圆，基部楔形，全缘微波状，下面被灰色柔毛及白粉；叶柄粗，托叶痕长约叶柄2/3；聚合果长圆状卵圆形，蓇葖具长3~4mm喙；种子三角状倒卵形。

花期5～6月，果期8～10月。

[产区介绍]恩施紫油厚朴因主产区位于双河乡双河桥，又名"双河厚朴"。恩施州栽培历史悠久，产品质优、色紫、油润，故称"紫油厚朴"。恩施市双河桥的紫油厚朴最为著名，数量多，树龄长，被誉为上品。2005年8月25日，国家质检总局批准对"恩施紫油厚朴"实施地理标志产品保护。

[价值]可用于治疗腹胀；用于治疗泄泻下痢（急性肠炎），单用厚朴一味，即能止泻；用于治疗胃脘实痞，取其健胃作用；体外试验对痢疾杆菌、大肠杆菌、伤寒杆菌有较强的抗菌作用；可刺激消化道黏膜引起反射性兴奋而达到健胃作用。

17. 建始厚朴

[中文名] 厚朴

[俗名] 凹叶厚朴

[学名] *Houpoea officinalis* (Rehder & E. H. Wilson) N. H. Xia & C. Y. Wu

[系统位置] 木兰科 Magnoliaceae 厚朴属 *Houpoea*

[分布] 建始厚朴农产品地理标志产品地域保护范围主要为湖北省恩施土家

族苗族自治州建始县。

[形态学特征] 树冠茂盛，树皮厚，紫褐色；顶芽窄卵状圆锥形，无毛；幼叶下面被白色长毛，革质，7~9聚生枝端，长圆状倒卵形，先端具短急尖或钝圆，基部楔形，全缘微波状，下面被灰色柔毛及白粉；叶柄粗，托叶痕长约叶柄2/3；聚合果长圆状卵圆形，蓇葖具长3~4mm喙；种子三角状倒卵形。

花期5~6月，果期8~10月。

[产区介绍] 建始县为高山、二高山地区，土壤均为山地黄壤、黄棕壤，属于相对湿度大、多云雾、阳光充足的山地，并且土壤肥沃、含腐殖质多、湿润、疏松、排水良好，土壤属于酸性、微酸性和中性，适合建始厚朴的生长。建始厚朴原名大叶油厚朴，2013年，建始厚朴种植面积达5万亩，基地面积近1万亩，年产量近3000吨。2013年9月10日，农业部正式批准对"建始厚朴"实施农产品地理标志登记保护。

[价值] 树皮、根皮、花、种子及芽皆可入药，以树皮为主。树皮有化湿导滞、行气平喘、化食消痰之效；种子有明目益气功效；芽作妇科药用。

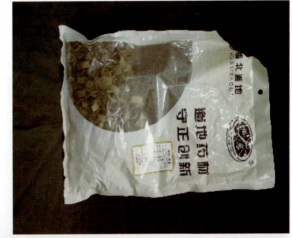

18. 宜昌天麻

[中文名] 天麻

[俗名] 赤箭、绿天麻、乌天麻、黄天麻、松天麻

[学名] *Gastrodia elata* Bl.

[系统位置] 兰科 Orchidaceae　天麻属 *Gastrodia*

[分布] 湖北省宜昌市的五峰、长阳、远安、宜都、夷陵、兴山等6县、市、区。

[形态学特征] 根状茎肥厚，块茎状，椭圆形至近哑铃形，肉质，具较密的

节，节上被许多三角状宽卵形的鞘。茎直立，橙黄色、黄色、灰棕色或蓝绿色，无绿叶，下部被数枚膜质鞘。总状花序通常具30～50朵花；花苞片长圆状披针形，膜质；花扭转，橙黄、淡黄、蓝绿或黄白色，近直立；萼片和花瓣合生成的花被筒，近斜卵状圆筒形，顶端具5枚裂片；唇瓣长圆状卵圆形，3裂，上部离生，上面具乳突，边缘有不规则短流苏。蒴果倒卵状椭圆形。

花果期5～7月。

[产区介绍] 宜昌天麻基地位于湖北省西部海拔800m以上的山区，尤以酸性土壤适宜于宜昌天麻生长。种植面积近万亩。2010年获得国家知识产权局的地理标志注册商标。

[价值] 天麻能治疗高血压。久服可平肝益气、利腰膝、强筋骨，还可增加外周及冠状动脉血流量，对心脏有保护作用。天麻制成的天麻注射液，对三叉神经痛、血管神经性头痛、脑血管病头痛、中毒性多发性神经炎有明显的镇痛效果。

19. 五峰香葱

[**中文名**] 香葱

[**俗名**] 绵葱、火葱

[**学名**] *Allium cepiforme* G. Don

[**系统位置**] 石蒜科 Amaryllidaceae 葱属 *Allium*

[**分布**] 五峰香葱农产品地理标志产品地域保护范围主要为湖北省宜昌市五峰土家族自治县。

[**形态学特征**] 植株丛生直立，株高45～55cm；鳞茎聚生，矩圆状卵形、狭卵形或卵状圆柱形；鳞茎外皮红褐色、紫红色、黄红色至黄白色，膜质或薄革质，不破裂。叶为中空的圆筒状，向顶端渐尖，深绿色，常略带白粉。栽培条件

下不抽薹开花,用鳞茎分株繁殖。但在野生条件下是能够开花结实的。

[产区介绍] 五峰土家族自治县位于鄂西南边陲,山地气候显著,雨热同季,暴雨甚多。山间谷地热量丰富,山顶平地光照充足。境内垂直气候带谱明显。适合香葱生长。2012年,"五峰香葱"获准国家工商总局注册,成为地理标志证明商标。

[价值] 香葱可刺激机体消化液分泌,能够健脾开胃,增进食欲;葱的挥发油等有效成分,能够刺激身体汗腺,达到发汗散热的目的;葱油刺激上呼吸道,使黏痰易于咯出;葱中所含大蒜素,具有明显抵御细菌、病毒的作用,尤其对痢疾杆菌和皮肤真菌抑制作用强;香葱所含果胶,可明显地减少结肠癌的发生,有抗癌作用,葱内的蒜辣素也可以抑制癌细胞的生长。

20. 五峰绿茶

[**中文名**] 茶

[**俗名**] 茶、茗、甘露

[**学名**] *Camellia sinensis* (L.) O. Ktze.

[**系统位置**] 山茶科 Theaceae 山茶属 *Camellia*

[**分布**] 五峰绿茶地理标志产品地域保护范围主要为湖北省宜昌市五峰土家族自治县。

[形态学特征] 灌木或小乔木，嫩枝无毛。叶革质，长圆形或椭圆形，上面发亮，下面无毛或初时有柔毛，侧脉5～7对，边缘有锯齿，叶柄无毛。花1～3朵腋生，白色；苞片2片，早落；萼片5片，阔卵形至圆形，无毛，宿存；花瓣5～6片，阔卵形，背面无毛，有时有短柔毛。蒴果3球形或1～2球形，每球有种子1～2粒。

花期10月至翌年2月。

[产区介绍] 五峰土家族自治县气候温和，雨量充沛，光照充足，空气湿度大，昼夜温差大，非常适宜茶树的生长。五峰土家族自治县茶叶基地面积达到18.4万亩，全年茶叶产量16840吨，"五峰绿茶"商标为国家地理标志商标。2021年12月，纳入2021年第三批全国名特优新农产品名录。

[价值] 五峰茶不仅具有良好的排毒功能，还可以及时抑制黑色素的沉积，具有淡斑祛斑的功效与作用；五峰绿茶中的咖啡碱能促使人体中枢神经兴奋，增强大脑皮层的兴奋过程，起到提神益思、清心的效果；五峰毛尖茶含有氟和儿茶素，可以抑制致龋菌，减少牙菌斑及牙周炎的发生。茶所含的单宁酸，具有杀菌作用，能阻止食物渣屑繁殖细菌，有效防止口臭。

21. 五峰宜红茶

[**中文名**] 茶

[**俗名**] 茶、茗、甘露

[**学名**] *Camellia sinensis* (L.) O. Ktze.

[**系统位置**] 山茶科 Theaceae 山茶属 *Camellia*

[**分布**] 五峰宜红茶农产品地理标志产品地域保护范围主要为湖北省五峰土家族自治县。

[**形态学特征**] 灌木或小乔木，嫩枝无毛。叶革质，长圆形或椭圆形，基部楔形，上面发亮，下面无毛或初时有柔毛，侧脉5~7对，边缘有锯齿，叶柄无毛。花1~3朵腋生，白色；苞片2片，早落；萼片5片，阔卵形至圆形，无毛，宿存；花瓣5~6片，阔卵形，基部略连合，背面无毛，有时有短柔毛。蒴果3球形或1~2球形。

花期10月至翌年2月。

[产区介绍] 五峰土家族自治县为亚热带季风气候，适宜种植茶树。五峰宜红茶种植面积16000公顷。2013年4月15日，农业部正式批准对"五峰宜红茶"实施农产品地理标志登记保护。

[价值] 五峰宜红茶中的黄酮类化合物具有杀灭食物细菌、抗流感病毒的作用；五峰宜红茶中的茶黄素是一种有效的自由基清除剂和抗氧化剂，具有抗癌、抗突变的作用，还有助于改善和治疗心脑血管疾病等的症状；感冒时喉咙疼痛，可以用红茶漱口以杀灭咽喉细菌，减轻病痛。

二、湖北武陵山区药食兼用植物资源

22. 宜都宜红茶

[中文名] 茶
[俗名] 荼、茗、甘露
[学名] *Camellia sinensis* (L.) O. Ktze.
[系统位置] 山茶科 Theaceae 山茶属 *Camellia*

[分布] 宜都宜红茶农产品地理标志地域保护范围主要为宜都市全境。

[形态学特征] 灌木或小乔木，嫩枝无毛。叶革质，长圆形或椭圆形，基部楔形，上面发亮，下面无毛或初时有柔毛，侧脉5～7对，边缘有锯齿，叶柄无毛。花1～3朵腋生，白色；苞片2片，早落；萼片5片，阔卵形至圆形，无毛，宿存；花瓣5～6片，阔卵形，基部略连合，背面无毛，有时有短柔毛；蒴果3球形或1～2球形。

花期10月至翌年2月。

[产区介绍] 宜都宜红茶，产自长江与清江交汇的丘陵山区，其条索紧细有金毫，色泽乌黑油润，香气甜香高长持久，滋味醇厚鲜爽，汤色红艳明亮，茶汤有"冷后浑"现象，是中国条形红茶的代表之一。2014年5月22日，农业部正式批准对"宜都宜红茶"实施农产品地理标志登记保护。

[价值] 茶中所含的咖啡碱会刺激大脑皮层，从而兴奋神经，可以达到提神的功效；可以增加肾脏的血流量，提高肾小球过滤率，扩张肾微血管，并且可以抑制肾小管对水的再吸收，可以促使尿液的增加；丰富的多酚类化合物有很好的消炎效果；儿茶素可以和单细胞的细菌结合，使蛋白质凝固沉淀，可以抑制和消灭病原菌；茶中的茶多酚可以吸附重金属和生物碱，并沉淀分解。

23. 宜都天然富锌茶

[**中文名**] 茶
[**俗名**] 荼、茗、甘露
[**学名**] *Camellia sinensis* (L.) O. Ktze.
[**系统位置**] 山茶科 Theaceae 山茶属 *Camellia*
[**分布**] 宜都天然富锌茶农产品地理标志地域保护范围主要为湖北省宜昌市宜都市潘家湾土家族乡。

[**形态学特征**] 灌木或小乔木，嫩枝无毛。叶革质，长圆形或椭圆形，基部楔形，上面发亮，下面无毛或初时有柔毛，侧脉5～7对，边缘有锯齿，叶柄无毛。花1～3朵腋生，白色；苞片2片，早落；萼片5片，阔卵形至圆形，无毛，宿存；花瓣5～6片，阔卵形，基部略连合，背面无毛，有时有短柔毛。蒴果3球形或1～2球形。

花期10月至翌年2月。

[**产区介绍**] 宜都天然富锌茶主产于土壤含锌量高的潘家湾土家族乡,宜都现有天然富锌茶园33500亩。1993年以来,先后获"国家级新产品""湖北省优质产品""湖北省消费者满意产品金杯奖""湖北省特种茶第一名""三峡地区首届名优茶十佳名茶""第三届中国农业博览会湖北省地方名牌产品"等殊荣。后成为国家地理标志产品。

[**价值**] 宜都天然富锌茶对人体的生长发育、免疫防卫、创伤愈合有重要作用,还能生津止渴、清热解毒,防治多种疾病。

二、湖北武陵山区药食兼用植物资源

24. 宜昌红茶

[中文名] 茶

[俗名] 荼、茗、甘露

[学名] *Camellia sinensis* (L.) O. Ktze.

[系统位置] 山茶科 Theaceae 山茶属 *Camellia*

[分布] 武陵山系和大巴山系的湖北、湖南三市州（湖北的宜昌市、恩施土家族苗族自治州、湖南的常德市）二十余县。

[形态学特征] 灌木或小乔木，嫩枝无毛。叶革质，长圆形或椭圆形，上面发亮，下面无毛或初时有柔毛，侧脉5~7对，边缘有锯齿，叶柄无毛。花1~3朵腋生，白色，花柄长4~6mm，有时稍长；苞片2片，早落；萼片5片，阔卵形至圆形，无毛，宿存；花瓣5~6片，阔卵形，基部略连合，背面无毛，有时有短柔毛。蒴果3球形或1~2球形。

花期10月至翌年2月。

[产区介绍] 宜昌地形比较复杂，高低相差悬殊，海拔35～2427m，垂直高差大，属亚热带季风型湿润气候，平均降水量1215.6mm，适合红茶种植。宜昌市红茶园达64万亩。2014年5月22日，农业部正式批准对其实施农产品地理标志登记保护。

[价值] 红茶中黄酮类化合物具有杀除食物有毒菌、使流感病毒失去传染力等作用。

二、湖北武陵山区药食兼用植物资源

25. 利川红茶

[**中文名**] 茶

[**俗名**] 利川红

[**学名**] *Camellia sinensis* (L.) O. Ktze.

[**系统位置**] 山茶科 Theaceae 山茶属 *Camellia*

[**分布**] 利川红产品地理标志地域保护范围为湖北省恩施州利川市。

[**形态学特征**] 利川红外形条索紧细匀整，锋苗秀丽，色泽乌润，内质清芳并带有蜜糖香味，上品茶更蕴含兰花香，馥郁持久，有"冷后浑"的特点；成品

茶条索紧细苗秀、色泽乌润、汤色红艳明亮、滋味醇厚、香气清香持久，叶底（泡过的茶渣）红亮。春天夏季饮红茶以它最宜，作下午茶、睡前茶也很合适。利川红（利川工夫红茶），是"红茶"中的佼佼者，以"香高、味醇、形美、色艳、冷后浑"五绝驰名。

花期10月至翌年2月。

[产区介绍] 利川红产区，自然条件优越，山地林木多，河流多，森林覆盖率85%以上，生态植被极好，气候温暖湿润，土层深厚，雨量充沛，云雾多，很适宜于茶树生长，全市种植面积27万余亩。利川红茶已有170多年生产加工历史。利川工夫红茶于2017年被国家质量监督检验检疫总局批准为国家地理标志保护产品。

[价值] 利川红茶中的咖啡碱和芳香物质联合可增加肾脏的血流量，提高肾小球过滤率，扩张肾微血管，并抑制肾小管对水的再吸收，于是促成尿量增加；利川红茶中的多酚类化合物具有消炎的效果；茶多酚的氧化产物还能够促进人体消化，因此红茶不仅不会伤胃，反而能够养胃；此外，还具有防龋、降血糖、降血压、降血脂、抗癌、抗辐射、减肥等功效。

26. 伍家台贡茶

[**中文名**] 茶
[**俗名**] 伍家台贡茶
[**学名**] *Camellia sinensis* (L.) O. Ktze.
[**系统位置**] 山茶科 Theaceae 山茶属 *Camellia*

[分布] 伍家台贡茶地理标志产品地域保护范围为湖北省恩施土家族苗族自治州宣恩县。

[形态学特征] 伍家台贡茶条索紧细圆滑，挺直如松针；色泽苍翠润绿，外形白毫显露，完整匀净，茶汤嫩绿明亮，清香味爽，滋味鲜醇，叶底嫩绿匀整。

花期10月至翌年2月。

[产区介绍] 伍家台雨量充沛，年降水量1400mm左右；土壤肥沃，有机质含量高，为"伍家台贡茶"提供了优质生长环境，种植面积达2.15万亩。2010年4月16日，农业部批准对"伍家台贡茶"实施农产品地理标志登记保护。

[价值] 新鲜的茶叶中含有20%～25%的干物质，这些干物质中含有大量天然营养物质，主要是蛋白质、氨基酸、生物碱、茶多酚、碳水化合物、矿物质、维生素、天然色素、脂肪酸等。伍家台贡茶有兴奋作用、利尿作用、强心解痉作用、抑制动脉硬化作用，还有抗菌作用、抑菌的作用、减肥作用、防龋齿作用、抑制癌细胞作用。

27. 翠泉绿茶

[中文名] 茶
[俗名] 荼、茗、甘露
[学名] *Camellia sinensis* (L.) O. Ktze.
[系统位置] 山茶科 Theaceae 山茶属 *Camellia*

[分布]绿茶农产品地理标志产品地域保护范围主要为湖北省恩施土家族苗族自治州鹤峰县。

[形态学特征]灌木或小乔木,嫩枝无毛。叶革质,长圆形或椭圆形,基部楔形,上面发亮,下面无毛或初时有柔毛,侧脉5~7对,边缘有锯齿,叶柄无毛。花1~3朵腋生,白色;苞片2片,早落;萼片5片,阔卵形至圆形,无毛,宿存;花瓣5~6片,阔卵形,基部略连合,背面无毛,有时有短柔毛。蒴果3球形或1~2球形。

花期10月至翌年2月。

[产区介绍]翠泉绿茶产于鄂西南武陵山区腹地鹤峰县。翠泉绿茶曾获"中茶杯"名优茶评比特等奖、中国"陆羽杯"名优茶评比金奖、湖北省名优茶评比特等奖,获"中国国际名优茶推荐产品"。2017年7月,经湖北省知识产权局核准使用"鹤峰茶"地理标志保护产品专用标识。

[价值]绿茶中所含的咖啡碱能够促使人体中枢神经兴奋,增加大脑皮层的兴奋,起到提神醒脑的效果;茶中的维生素E和维生素C能延缓皮肤衰老,清除身体的自由基和产生抗氧化反应;茶中含有的咖啡碱能够提高胃液的分泌量,帮助消化。

28. 鹤峰绿茶

[**中文名**] 茶

[**俗名**] 鹤峰绿茶

[**学名**] *Camellia sinensis* (L.) O. Ktze.

[**系统位置**] 山茶科 Theaceae 山茶属 *Camellia*

[**分布**] 鹤峰绿茶地理标志产品地域保护范围为湖北省恩施土家族苗族自治州鹤峰县。

[**形态学特征**] 鹤峰茶外形条索紧细匀整、显毫，色泽翠绿油润；内质香气清香持久，滋味鲜醇爽口，汤色嫩绿明亮，叶底嫩绿明亮、匀齐。

花期10月至翌年2月。

[**产区介绍**] 鹤峰县位于武陵山区腹地，拥有适宜茶树生长的小气候，是名优茶生长最佳生态环境。境内西北高，东南低，高差大，切割深，坡度陡，沟壑纵

横,峰峦起伏,平均海拔1200m,平均切割深度784m,是湖北省高山县之一。茶区海拔一般为800m左右,具有高山茶之特点。茶园面积达到3万亩。2012年7月31日,国家质检总局批准对"鹤峰茶"实施地理标志产品保护。

[价值] 鹤峰绿茶有助于延缓衰老,抑制心血管疾病,预防肿瘤,提高肌体免疫能力;有助于预防和治疗辐射伤害,减少日光中紫外线辐射对皮肤的损伤;有助于醒脑提神、增强大脑皮层的兴奋过程,起到提神益思、清心的效果;有助于降脂、助消化、利尿解乏。

29. 恩施玉露

[**中文名**] 茶

[**俗名**] 恩施玉露

[**学名**] *Camellia sinensis* (L.) O. Ktze.

[**系统位置**] 山茶科 Theaceae 山茶属 *Camellia*

[**分布**] 恩施玉露地理标志产品地域保护范围为湖北省恩施土家族苗族自治州恩施市。

[**形态学特征**] 恩施玉露茶是中国传统蒸青绿茶,由叶色浓绿的一芽一叶或一芽二叶鲜叶经蒸汽杀青制作而成。恩施玉露对采制的要求很严格,芽叶须细嫩、匀齐,成茶条索紧细匀整,紧圆光滑,色泽鲜绿,匀齐挺直,状如松针,白毫显露,色泽苍翠润绿;茶汤清澈明亮,香气清高持久,滋味鲜爽甘醇,叶底嫩匀明亮,色绿如玉。"三绿"(茶绿、汤绿、叶底绿)为其显著特点。

花期夏季。

[产区介绍] 恩施玉露曾称"玉绿",因其香鲜爽口,外形条索紧圆光滑,色泽苍翠绿润,毫白如玉,故改名"玉露"。恩施玉露是中国传统名茶。恩施玉露的茶园面积22万亩。2007年3月5日,国家质检总局批准对"恩施玉露"实施地理标志产品保护。

[价值] 恩施玉露成茶(即干制品)中硒的含量平均为0.653mg/kg,最高值可达3.853mg/kg,而绝大多数茶硒含量在0.1mg以下。具有抗氧化、提高免疫性、降血压、预防冠心病、杀菌抗病毒、降血糖、预防糖尿病、抗癌、抗突变等功效。

30. 恩施富硒茶

[**中文名**] 茶

[**俗名**] 恩施富硒茶

[**学名**] *Camellia sinensis* (L.) O. Ktze.

[**系统位置**] 山茶科 Theaceae 山茶属 *Camellia*

[**分布**] 恩施富硒茶地理标志产品地域保护范围主要为湖北省恩施土家族苗族自治州。

[**形态学特征**] 灌木或小乔木，嫩枝无毛。叶革质，长圆形或椭圆形，基部楔形，上面发亮，下面无毛或初时有柔毛，侧脉5～7对，边缘有锯齿，叶柄无毛。花1～3朵腋生，白色；苞片2片，早落；萼片5片，阔卵形至圆形，无毛，宿存；花瓣5～6片，阔卵形，基部略连合，背面无毛，有时有短柔毛。蒴果3球形或1～2球形。

花期10月至翌年2月。

[**产区介绍**] 湖北恩施是世界硒都，土壤中富含硒元素，恩施茶为天赐的富硒茶，恩施市现有茶园10.1万亩，全州现有茶园面积100余万亩。恩施富硒茶以恩施玉露最为著名，产于著名的鄂西南武陵山茶区。恩施富硒茶申报地理标志

商标历时五年之久，2017年底，国家商标局破例同意"恩施硒茶"申报地理标志商标。

[价值] 富硒茶抗氧化能力强，能清除水中污染毒素，增强免疫力，解毒、排毒，保护肝脏，预防糖尿病、白内障等；此茶浓、苦而不涩，后口甘甜；淡，清香爽口；富硒茶具有安神作用，饮用此茶不会导致失眠；富硒茶饮用后，胃不反酸。

31. 唐崖茶

[中文名] 茶

[俗名] 唐崖茶

[学名] *Camellia sinensis* (L.) O. Ktze.

[系统位置] 山茶科 Theaceae 山茶属 *Camellia*

[分布] 唐崖茶农产品地理标志地域保护范围为湖北省恩施土家族苗族自治州咸丰县。

[形态学特征] 外形条索细秀紧致，色泽乌润，金毫显露，汤色橙红明亮，香气鲜嫩甜香，花果香显，浓郁持久，滋味鲜醇爽口，细嫩多芽匀齐。

花期10月至翌年2月。

[产区介绍] 唐崖茶，湖北省恩施土家族苗族自治州特产，中国国家地理标志产品。唐崖茶年生产面积10000公顷（15万亩），干茶产量1.12万吨。2019年获批农产品地理标志登记产品。

[价值] 唐崖茶内含物丰富，含有多种稀有营养元素，其中：白叶茶茶多酚含量≥11%，水浸出物≥36%，游离氨基酸总量（以谷氨酸计）≥5%，水分≤6.5%；绿茶茶多酚含量≥11%，水浸出物≥36%，水分≤6.5%。其具有增强免疫力，解毒、排毒，保护肝脏，预防糖尿病、白内障等功效。

二、湖北武陵山区药食兼用植物资源

32. 马坡茶

[中文名] 茶

[俗名] 马坡茶

[学名] *Camellia sinensis* (L.) O. Ktze.

[系统位置] 山茶科 Theaceae 山茶属 *Camellia*

[分布] 马坡茶农产品地理标志的地域保护范围为湖北省恩施土家族苗族自治州建始县。

[形态学特征] 马坡茶（针形茶）特级：外形条索紧细圆直，翠绿，显毫，完整匀净；香气清香或豆香、栗香高长，汤色嫩绿明亮，滋味鲜醇，叶底嫩绿明亮。

花期10月至翌年2月。

[产区介绍] 建始县当地特殊的红沙土壤和地理气候，孕育出马坡茶。种植面积达5000亩。2013年12月30日，农业部批准对"马坡茶"实施国家农产品地理标志登记保护。

[价值] 马坡茶中游离氨基酸≥3.5%，茶多酚含量≥16.0%，咖啡碱≥2.5%，硒含量≥0.03mg/kg。具有抗氧化、提高免疫力、降血糖等功效。

三、湖北武陵山区其他植物资源

1. 恩施土豆

[**中文名**] 马铃薯

[**俗名**] 洋芋、土豆、地蛋

[**学名**] *Solanum tuberosum* L.

[**系统位置**] 茄科 Solanaceae 茄属 *Solanum*

[**分布**] 恩施土豆农产品地理标志地域保护范围为恩施土家族苗族自治州。

[**形态学特征**] 草本，无毛或被疏柔毛。地下茎块状，扁圆形或长圆形，外皮白色、淡红色或紫色。叶为奇数不相等的羽状复叶，常大小相间；小叶,6~8对，卵形至长圆形，全缘，两面均被白色疏柔毛，侧脉每边6~7条，先端略弯。伞房花序顶生，后侧生，花白色或蓝紫色；萼钟形，外面被疏柔毛，5裂，裂片披针形；花冠辐状，花冠筒隐于萼内，裂片5，三角形。浆果圆球状，光滑。

花期夏季。

[**产区介绍**] 恩施土豆种植面积192.375万亩。2019年1月17日，农业农村部批准对"恩施土豆"实施国家农产品地理标志登记保护。

[**价值**] 土豆含有丰富的维生素B_1、维生素B_2、维生素B_6和泛酸等B族维

生素及大量的优质纤维素,还含有微量元素、氨基酸、蛋白质、脂肪和优质淀粉等营养元素;土豆含有丰富的膳食纤维,因此胃肠对土豆的吸收较慢,食用后具有饱腹感;土豆中的淀粉是一种抗性淀粉,具有缩小脂肪细胞的作用;土豆是非常好的高钾低钠食品,很适合水肿型肥胖者食用。

三、湖北武陵山区其他植物资源

2. 利川天上坪高山甘蓝

[中文名] 甘蓝

[俗名] 卷心菜、包菜、洋白菜

[学名] *Brassica oleracea* var. *capitata* Linnaeus

[系统位置] 十字花科 Brassicaceae 芸薹属 *Brassica*

[分布] 利川天上坪高山甘蓝地理标志产品地域保护范围为湖北省恩施土家族苗族自治州利川市，齐岳山大部分海拔在 1200～1600m 之间。

[形态学特征] 矮且粗壮，一年生茎肉质，不分枝，绿色或灰绿色。基生叶质厚，层层包裹成球状体，扁球形；二年生茎有分枝，具茎生叶。基生叶顶端圆形，基部骤窄成极短有宽翅的叶柄；上部茎生叶卵形或长圆状卵形，基部抱茎。总状花序顶生及腋生；花淡黄色；萼片直立，线状长圆形；花瓣宽椭圆状倒卵形

或近圆形，顶端微缺。长角果圆柱形，两侧稍压扁，中脉突出，喙圆锥形；果梗粗，直立开展。种子球形，棕色。

花期4月，果期5月。

[产区介绍] 利川天上坪山峦起伏、沟壑幽深、土壤质地良好，属亚热带大陆性季风气候，独特的生态环境和得天独厚的气候条件使甘蓝脆嫩味甘，有着特有的营养及品质。2010年9月，利川市10万亩甘蓝基地通过全国绿色食品原料标准化生产基地专家组验收，正式成为全国绿色食品蔬菜原料标准化生产基地。

[价值] 甘蓝菜性味甘平，具有益脾和胃、缓急止痛作用，可以治疗上腹胀气疼痛、嗜睡、脘腹拘急疼痛等；含有丰富的维生素、糖等成分，其中以维生素A最多，并含有少量维生素K_1、维生素U、氯、碘等成分，尤其维生素K_1及维生素U是抗溃疡因子，因此常食用甘蓝对轻微溃疡或十二指肠溃疡有纾解作用；另外含有一些硫化物，具有防癌作用。

3. 利川天上坪白萝卜

[**中文名**] 萝卜

[**俗名**] 菜头、白萝卜、莱菔

[**学名**] *Raphanus sativus* L.

[**系统位置**] 十字花科 Brassicaceae 萝卜属 *Raphanus*

[**分布**] 利川天上坪白萝卜地理标志产品地域保护范围为湖北省恩施土家族苗族自治州利川市。

[**形态学特征**] 一二年生草本。根肉质，长圆形、球形或圆锥形，根皮绿色、白色、粉红色或紫色。茎直立，粗壮，圆柱形，中空，自基部分枝。基生叶及茎下部叶有长柄，通常大头羽状分裂，被粗毛，侧裂片1～3对，边缘有锯齿或缺刻；茎中、上部叶长圆形至披针形，向上渐变小，不裂或稍分裂，不抱茎。总状花序，顶生及腋生。花淡粉红色或白色。长角果，不开裂，近圆锥形，直或稍弯，种子间缢缩成串珠状，先端具长喙，果壁海绵质。种子1～6粒，红褐

色，圆形，有细网纹。

花期4～5月，果期5～6月。

[产区介绍] 利川天上坪独特的生态环境和得天独厚的气候条件使得白萝卜脆嫩味甘，有着特有的营养及品质。利川天上坪白萝卜获国家地理标志证明商标。

[价值] 利川天上坪白萝卜含芥子油、淀粉酶和粗纤维，具有促进消化、增强食欲、加快胃肠蠕动和止咳化痰的作用。中医理论也认为该品味辛甘，性凉，入肺胃经，为食疗佳品，可以治疗或辅助治疗多种疾病，《本草纲目》称之为"蔬中最有利者"。

4. 利川天上坪大白菜

[中文名] 白菜

[俗名] 小白菜、大白菜

[学名] *Brassica rapa* var. *glabra* Regel

[系统位置] 十字花科 Brassicaceae 芸薹属 *Brassica*

[分布] 利川天上坪大白菜地理标志产品地域保护范围为湖北省恩施土家族苗族自治州利川市。

[形态学特征] 白菜是二年生草本植物，白菜全株稍有白粉，无毛，有时叶下面中脉上有少数刺毛。基生叶大，倒卵状长圆形至倒卵形，顶端圆钝，边缘皱缩，波状，有时具不明显锯齿，中脉白色，很宽；有多数粗壮的侧脉，叶柄白色，扁平，边缘有具缺刻的宽薄翅；上部茎生叶长圆状卵形、长圆披针形至长披针形，顶端圆钝至短急尖，全缘或有裂齿，有柄或抱茎，耳状，有粉霜。花鲜黄

色；萼片长圆形或卵状披针形，淡绿色至黄色；花瓣倒卵形。长角果较粗短，两侧压扁，直立。种子球形，棕色。

花期5月，果期6月。

[产区介绍] 利川天上坪大白菜产地海拔在1200～1600m之间，四季分明、雨量充沛、空气潮湿、雨热同季。独特气候条件造就了大白菜有着特有的营养及品质。利川天上坪大白菜获国家地理标志证明商标。

[价值] 从营养学的角度分析，大白菜含丰富的维生素、膳食纤维和抗氧化物质，能促进肠道蠕动，帮助消化。而且，大白菜的维生素C含量高于苹果和梨，与柑橘类居于同一水平，热量还要低得多。白菜中含钠也很少，不会使机体保存多余水分，可以减轻心脏负担。中老年人和肥胖者，多吃大白菜还可以减肥。

5. 建始猕猴桃

[中文名] 中华猕猴桃

[俗名] 猕猴桃、藤梨、奇异果

[学名] *Actinidia chinensis* Planch.

[系统位置] 猕猴桃科 Actinidiaceae 猕猴桃属 *Actinidia*

[分布] 建始猕猴桃地理标志产品地域保护范围为湖北省恩施土家族苗族自治州建始县。

[形态学特征] 藤本。幼枝赤色，同叶柄密生灰棕色柔毛，老枝无毛；髓大，白色，片状。单叶互生；叶片纸质，圆形、卵圆形或倒卵形，基部阔楔形至心脏形，边缘有刺毛状齿，上面暗绿色，仅叶脉有毛，下面灰白色，密生灰棕色星状绒毛。花单生或数朵聚生于叶腋；单性花，雌雄异株或单性花与两性花共存；萼片5，稀4，基部稍连合，与花梗被淡棕色绒毛；花瓣5，稀4，刚开放时呈乳白色，后变黄色。浆果卵圆形或长圆形，密生棕色长毛，有香气。种子细小，黑色。花期6～7月，果熟期8～9月。

[产区介绍] 建始猕猴桃适宜种植区位于清江与野三河交汇处，海拔600～1200m。猕猴桃种植面积超3万亩。2010年9月13日，农业部批准对"建始猕猴桃"实施农产品地理标志登记保护。

[价值] 建始猕猴桃维生素E含量很高，天然维生素E能保持血管清洁状态，进而起到调节血脂的作用；并能抑制人体脂褐素的沉积，起到延缓细胞衰老的作用。现代研究认为猕猴桃具有润肠通便的作用与其富含膳食纤维有关。现代研究表明，猕猴桃籽油具有辅助降低血脂、软化血管和延缓衰老等功效，在医学、保健食品和美容护肤品领域具有广泛的用途；猕猴桃中钙的含量几乎高于所有水果，而钠的含量几乎为零。

6. 宜昌猕猴桃

[中文名] 中华猕猴桃

[俗名] 猕猴桃、藤梨、羊桃藤、羊桃、阳桃、奇异果、几维果

[学名] *Actinidia chinensis* Planch.

[系统位置] 猕猴桃科 Actinidiaceae 猕猴桃属 *Actinidia*

[分布] 宜昌猕猴桃农产品地理标志地域保护范围主要为湖北省宜昌市。

[形态学特征] 落叶、半落叶至常绿藤本；无毛或被毛，毛为简单的柔毛、绒毛、绵毛、硬毛、刺毛或分枝的星状绒毛；髓实心或片层状。枝条通常有皮孔；冬芽隐藏于叶座之内或裸露于外。叶为单叶，互生，膜质、纸质或革质，多数具长柄，有锯齿，很少近全缘，叶脉羽状，多数侧脉间有明显的横脉，

小脉网状；托叶缺或废退。花白色、红色、黄色或绿色，雌雄异株，单生或排成简单的或分歧的聚伞花序；萼片5片，覆瓦状排列，极少为镊合状排列。果为浆果，秃净，少数被毛，球形；种子多数，细小，扁卵形，褐色。

花期6～7月，果熟期8～9月。

[产区介绍] 宜昌位于武陵山与大巴山余脉，适合种植猕猴桃。2018年9月5日，农业农村部正式批准对"宜昌猕猴桃"实施农产品地理标志登记保护。

[价值] 预防老年骨质疏松，抑制胆固醇的沉积，从而防治动脉硬化；可改善心肌功能，防治心脏病；能阻止体内产生过多的过氧化物，防止老年斑的形成。

7. 宣恩贡水白柚

[中文名] 晚白柚

[俗名] 柚子

[学名] *Citrus maxima* 'Wanbei Yu'

[系统位置] 芸香科 Rutaceae 柑橘属 *Citrus*

[分布] 宣恩贡水白柚农产品地理标志地域保护范围主要为湖北省恩施土家族苗族自治州宣恩县。

[形态学特征] 贡水白柚树冠紧凑，呈自然圆头形，枝梢粗壮，节间短，有

小刺；单身复叶，阔卵圆形，翼叶中小，为倒心脏形，叶片肥厚中大，叶面浓绿，富光泽；果实倒卵圆形，蒂部稍偏微凹，有沟纹，果面黄白色，油胞中细；果皮中厚，海绵层白色；汁胞脆嫩，酸甜适度，味浓，无苦、麻等异味，少核或无核，脱衣易，耐贮藏。

果期12月。

[产区介绍] 宣恩县具有明显的垂直气候特征，雨热同季，适合白柚生长，白柚种植面积已达14.5万亩，年产量突破10万吨。2001年宣恩县被国家林业总局授予"中国白柚之乡"称号，贡水白柚获全国优质柚类第一名，为湖北省特色果品及湖北省优质果品，为地理标志产品保护产品。

[价值] 贡水白柚加工附加值高，果肉可加工成不含任何防腐剂的纯天然粒粒汁、原汁等系列饮品，以及白柚蜂蜜茶、柚子酒；果皮可提取果胶、芳香油，或制作果脯、果酱。果实还可提取抗癌保健活性成分柠檬苦素、黄酮素和膳食纤维，具有很高的综合利用价值。

8. 景阳核桃

[中文名] 胡桃

[俗名] 核桃

[学名] *Juglans regia* L.

[系统位置] 胡桃科 Juglandaceae 胡桃属 *Juglans*

[**分布**]景阳核桃农产品地理标志地域保护范围主要为湖北省建始县景阳镇。

[**形态学特征**]乔木;树干较别的种类矮,树冠广阔;树皮幼时灰绿色,老时则灰白色而纵向浅裂;小枝无毛,具光泽,被盾状着生的腺体,灰绿色,后来带褐色。奇数羽状复叶,叶柄及叶轴幼时被有极短腺毛及腺体;小叶通常5~9枚,稀3枚,椭圆状卵形至长椭圆形,边缘全缘或在幼树上者具稀疏细锯齿,上面深绿色,无毛,下面淡绿色。雄性柔荑花序下垂,雌性穗状花序通常具1~3(~4)雌花。果实近于球状,无毛。

花期5月,果期10月。

[**产区介绍**]建始县境内具有谷地气候、凸地气候、坡地暖带等多种小气候特征。景阳核桃主要生长在清江峡谷海拔800m以下地带。核桃种植面积接近2万亩。其特殊的气候条件孕育了特色产品。

[**价值**]核桃号称"长寿食品",味甘,性温。可补肺益肾、滋阴助阳、润肠通便、止咳定喘。《本草纲目》称可治虚寒、咳喘、腰腿疼痛。《医学衷中参西录》称其为"强筋健骨之要药"。《开宝本草》称常食核桃可令人肥健、润肌、黑须发。以核桃仁入中药,可治疗阳痿遗精、腰膝酸软、失眠健忘、小便频数、气血不足、妇女痛经等症。

9. 关口葡萄

[中文名] 葡萄

[俗名] 草龙珠、山葫芦

[学名] *Vitis vinifera* L.

[系统位置] 葡萄科 Vitaceae 葡萄属 *Vitis*

[分布] 关口葡萄农产品地理标志地域保护范围主要为湖北省建始县。

[形态学特征] 木质藤本。小枝圆柱形，有纵棱纹，无毛或被稀疏柔毛。卷须2叉分枝，每隔2节间断与叶对生。叶卵圆形，显著3～5浅裂或中裂，基部深心形，基缺凹成圆形，两侧常靠合，边缘有锯齿，齿深而粗大，不整齐，齿端急尖，上面绿色，下面浅绿色，无毛或被疏柔毛；基生脉5出，中脉有侧脉4～5对，网脉不明显突出；叶柄几无毛；托叶早落。圆锥花序密集或疏散，多花，与叶对生；花蕾倒卵圆形；萼浅碟形，边缘呈波状，外面无毛；花瓣5，呈帽状黏合脱落。果实球形或椭圆形；种子倒卵椭圆形，顶端近圆形。

花期4～5月，果期8～9月。

[产区介绍] 关口葡萄仅在建始县花坪镇关口乡村坊村（小地名关口）生长，故名。种植面积达3000余亩。2010年5月25日，农业部批准对"关口葡萄"实施国家农产品地理标志登记保护。

[价值] 葡萄中的多种果酸有助于消化，适当多吃些葡萄，能健脾和胃；有补气血、益肝肾、生津液、强筋骨、止咳除烦、补益气血、通利小便的功效。

三、湖北武陵山区其他植物资源

10. 秭归夏橙

[**中文名**] 甜橙

[**俗名**] 黄果树、橙、香橙、橙子

[**学名**] *Citrus sinensis* (L.) Osbeck

[**系统位置**] 芸香科 Rutaceae 柑橘属 *Citrus*

[**分布**] 秭归夏橙地理标志产品保护范围主要为湖北省宜昌市秭归县。

[**形态学特征**] 乔木，枝少刺或近于无刺。叶通常比柚叶略小，翼叶狭长，明显或仅具痕迹，叶片卵形或卵状椭圆形，很少披针形。花白色，很少背面带淡紫红色，总状花序有花少数，或兼有腋生单花；花萼3~5浅裂，花瓣长1.2~1.5cm。果圆球形、扁圆形或椭圆形，橙黄至橙红色，果皮难或稍易剥离，瓢囊9~12瓣，果心实或半充实，果肉淡黄、橙红或紫红色，味甜或稍偏

酸；种子少或无，种皮略有肋纹，子叶乳白色，多胚。

花期3～5月，果期10～12月，迟熟品种至次年2～4月。

[产区介绍] 秭归夏橙是20世纪70年代从四川引进的，经区域栽培，表现较优，种植面积最多的是伏令和无核伏令夏橙。2015年2月10日，农业部批准对"秭归夏橙"实施国家农产品地理标志登记保护。

[价值] 秭归夏橙富含果胶，能够结合体内的脂类及胆固醇，减少脂类和胆固醇在肠道中的吸收和转运，故而具有降低血脂的作用。橙子中丰富的维生素C有助于抑制胆固醇在肝内转化为胆汁酸，预防胆结石。橙子含有各种维生素、柠檬酸、苹果酸等，能增强毛细血管韧性，具有行气化痰、健脾温胃、助消化、增食欲等功效，还能够解油腻、消积食、止渴醒酒等。

11. 秭归桃叶橙

[**中文名**] 桃叶橙
[**俗名**] 黄果树、橙、香橙、橙子
[**学名**] *Citrus sinensis* 'Taoye Cheng'

[系统位置] 芸香科Rutaceae柑橘属 *Citrus*

[分布] 秭归桃叶橙地理标志产品保护范围主要为湖北省宜昌市秭归县。

[形态学特征] 果近圆球形，果顶常有环圈，果皮橙红色，较光滑，颇易剥离，果心半充实，果肉嫩，质脆，汁多，化渣，清甜，有香味，种子少。

花期3～5月，果期10～12月。

[产区介绍] 秭归县土壤多属沙壤土、紫色页岩土或泥质岩土，土壤肥力中等，适宜种植橙子。种植面积3000多亩。2008年7月1日，农业部正式批准对"秭归桃叶橙"实施农产品地理标志登记保护。

[价值] 桃叶橙果实圆形，平均单果重150g，果皮橙红光滑，脐部有印圈，果皮薄，肉质细嫩，化渣，风味浓，富香气，可溶固形物一般在13%左右，高者可达16%，每100g中含维生素C 60mg，极耐贮藏。有提高血管弹性、降血脂、消积食的功效。

12. 清江椪柑

[中文名] 椪柑

[俗名] 清江椪柑

[学名] *Citrus reticulata* 'Ponkan'

[系统位置] 芸香科 Rutaceae 柑橘属 *Citrus*

[分布] 清江椪柑农产品地理标志地域保护范围主要为湖北省宜昌市长阳土家族自治县。

[形态学特征] 果扁圆形，或蒂部隆起呈短颈状的阔圆锥形，顶部平而宽，中央凹，有浅放射沟，重136～187g，也有较小或更大的，橙黄至橙红色，油胞大，油量多，皮粗糙，松脆，厚2.7～3.5mm，甚易剥离，瓤囊10～12瓣，

果肉嫩，汁多，爽脆，味甜；种子少或无，子叶淡绿色，多胚。

果期11～12月。

[产区介绍]清江椪柑原产于长阳土家族自治县清江河谷两岸，其蒂有八卦皱，面如金蟾皮，因此又称"清江丑柑"，种植面积7万多亩。2014年7月28日，农业部正式批准对"清江椪柑"实施农产品地理标志登记保护。

[价值]富含蛋白质、无机盐以及糖分，同时还有多种维生素和氨基酸以及矿物质，这些物质都是人体正常代谢必需的营养物质；清江椪柑味酸，性凉，可以入脾经和胃经以及膀胱经，能生津止渴、润燥、和胃。

三、湖北武陵山区其他植物资源

13. 宜都蜜柑

[中文名] 柑橘

[俗名] 宜都蜜柑

[学名] *Citrus reticulata* Blanco

[系统位置] 芸香科 Rutaceae 柑橘属 *Citrus*

[分布] 宜都蜜柑农产品地理标志地域保护范围主要为湖北省宜昌市。

[形态学特征] 小乔木。分枝多，枝扩展或略下垂，刺较少。单身复叶，翼叶通常狭窄，或仅有痕迹，叶片披针形，椭圆形或阔卵形，大小变异较大，顶端常有凹口，中脉由基部至凹口附近成叉状分枝，叶缘至少上半段通常有钝或圆裂齿，很少全缘。花单生或2～3朵簇生；花萼不规则3～5浅裂。果通常扁圆形至近圆球形，果皮甚薄而光滑，或厚而粗糙，淡黄色，朱红色或深红色，甚易或

稍易剥离，橘络甚多或较少，呈网状，瓤囊7～14瓣，果肉酸或甜，或有苦味，或另有特异气味；种子或多或少数，稀无籽，通常卵形，子叶深绿、淡绿或间有近于乳白色，合点紫色，多胚，少有单胚。

花期4～5月，果期10～12月。

[**产区介绍**] 宜都市属亚热带季风气候，光、热、水资源丰富，气候温和，雨量充沛，日照充足，四季分明，适宜蜜柑生长，种植面积32.6万亩。2008年8月22日，农业部正式批准对"宜都蜜柑"实施农产品地理标志登记保护。

[**价值**] 蜜柑是一种高营养的特色水果，这种水果中含有多种维生素，其中维生素C的含量最高；蜜柑中有一些天然的酸性成分，它们能促进胃酸的分泌；蜜柑中还含有一定数量的膳食纤维，它们能加快肠胃的运动；蜜柑能有效减少咽喉炎和气管炎的发生，也能稀释痰液，缓解咳嗽。

14. 小村红衣米花生

[**中文名**] 落花生

[**俗名**] 长生果、番豆、地豆、花生、长果

[**学名**] *Arachis hypogaea* L.

[**系统位置**] 豆科Fabaceae 落花生属*Arachis*

[**分布**] 小村红衣米花生农产品地理标志地域保护范围主要为湖北省恩施土家族苗族自治州咸丰县小村乡。

[**形态学特征**] 一年生草本。根部有丰富的根瘤；茎直立或匍匐，茎和分枝均有棱，被黄色长柔毛，后变无毛。叶通常具小叶2对；托叶具纵脉纹，被毛；

叶柄基部抱茎，被毛；小叶纸质，卵状长圆形至倒卵形，全缘，两面被毛，边缘具睫毛；侧脉每边约10条；叶脉边缘互相联结成网状；小叶柄被黄棕色长毛；苞片2，披针形；小苞片披针形，具纵脉纹，被柔毛；萼管细；花冠黄色或金黄色，旗瓣直径1.7cm，开展，先端凹入；翼瓣与龙骨瓣分离，翼瓣长圆形或斜卵形，细长；龙骨瓣长卵圆形，内弯。荚果膨胀，荚厚。

花果期6～8月。

[产区介绍] 咸丰县小村乡由于独特的地理、气候、土壤条件，且位于咸丰县富硒带上，盛产小村红衣米花生。

[价值] 红皮含有丰富的甘油酯和甾醇酯，能够抑制纤维蛋白的溶解，促进骨髓制造血小板而缩短出血时间；花生还含有维生素E和一定量的锌，能增强记忆，滋润皮肤；花生含有的维生素C有降低胆固醇的作用，有助于防治动脉硬化、高血压和冠心病。

15. 宣恩贡米

[**中文名**] 籼稻

[**俗名**] 水稻、稻子、稻谷

[**学名**] *Oryza sativa* L.

[**系统位置**] 禾本科 Poaceae 稻属 *Oryza*

[**分布**] 宣恩贡米农产品地理标志地域保护范围主要为湖北恩施土家族苗族自治州宣恩县。

[**形态学特征**] 一年生水生草本。秆直立，高0.5～1.5m，随品种而异。叶鞘松弛，无毛；叶舌披针形，两侧基部下延长成叶鞘边缘，具2枚镰形抱茎的叶耳；叶片线状披针形，无毛，粗糙。圆锥花序大型疏展，分枝多，棱粗糙，成熟期向下弯垂；小穗含1成熟花，两侧甚压扁，长圆状卵形至椭圆形；颖极小，仅在小穗柄先端留下半月形的痕迹，退化外稃2枚，锥刺状；两侧孕性花外稃质

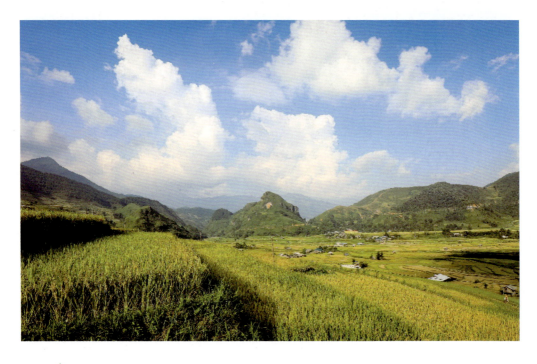

厚,具5脉,中脉成脊,表面有方格状小乳状突起,厚纸质,遍布细毛,端毛较密,有芒或无芒;内稃与外稃同质,具3脉,先端尖而无喙。颖果长约5mm,宽约2mm,厚1~1.5mm。

[产区介绍] 宣恩山水奇特,森林茂密,阳光充足,气候宜人,自然环境纯净,土壤富含硒、锌等多种有益微量元素,以盛产水稻为主,自古出产名米。2014年4月16日,国家质检总局批准对"宣恩贡米"实施地理标志产品保护。

[价值] 宣恩贡米除含有丰富的植物蛋白、脂肪、多种氨基酸营养成分外,还含微量元素"硒",是天然补硒佳品。

16. 石马槽大米

[中文名] 籼稻

[俗名] 石马槽大米

[学名] *Oryza sativa* subsp. *indica* Kato

[系统位置] 禾本科 Poaceae 稻属 *Oryza*

[分布] 石马槽大米的农产品地理标志地域保护范围主要为湖北省宜昌市当阳市庙前镇石马槽、庙前、巩河、李店等18个行政村。

[形态学特征] 植株较高,质地较软,分蘖松散;叶片绿色较淡,叶片较长,与茎间角度较大,有绒毛。圆锥花序的主轴较短,小穗狭长(8.3mm×3.3mm),芒短,稃毛稀疏而短,谷粒细长,含糊精少。成熟颖果较

少，穗轻。

[产区介绍] 当阳市庙前镇石马槽村具有独特的"两山夹一冲"的地形和青岗泥土质，以及气候温润、空气湿度适宜、昼夜温差大等条件，加上冷水灌溉和石马人的精耕细作，孕育出了优质而独特的石马槽大米。2014年5月22日，农业部正式批准对"石马槽大米"实施农产品地理标志登记保护。

[价值] 该大米细长透亮，香糯松软，富含人体所必需的多种微量元素，具有独特的保健功能。

三、湖北武陵山区其他植物资源

17. 五峰烟叶

[中文名] 烟草

[俗名] 烟叶

[学名] *Nicotiana tabacum* L.

[系统位置] 茄科 Solanaceae 烟草属 *Nicotiana*

[分布] 五峰烟叶农产品地理标志地域保护范围主要为湖北省宜昌市五峰土家族自治县。

[形态学特征] 一年生或有限多年生草本,全体被腺毛;根粗壮。茎基部稍

木质化。叶矩圆状披针形、披针形、矩圆形或卵形,基部渐狭至茎成耳状而半抱茎,柄不明显或成翅状柄。花序顶生,圆锥状,多花;花萼筒状或筒状钟形,裂片三角状披针形,长短不等;花冠漏斗状,淡红色,筒部色更淡,稍弓曲。蒴果卵状或矩圆状,长约等于宿存萼。种子圆形或宽矩圆形,褐色。

夏秋季开花结果。

[产区介绍] 五峰属亚热带温湿季风区,山地气候显著,四季分明,适合烟草的生长。烟叶种植面积达到4763亩。

三、湖北武陵山区其他植物资源 | 109

18. 金丝桐油

[**中文名**] 油桐

[**俗名**] 三年桐

[**学名**] *Vernicia fordii* (Hemsl.) Airy Shaw

[**系统位置**] 大戟科 Euphorbiaceae 油桐属 *Vernicia*

[**分布**] 金丝桐油地理标志产品保护范围为湖北省来凤县百福司镇、漫水乡、绿水乡、胡家坪林场、大河镇、旧司乡、革勒车乡、三胡乡、翔凤镇等9个乡镇、林场所辖行政区域。

[**形态学特征**] 落叶乔木；树皮灰色，近光滑；枝条粗壮，无毛，具明显皮

孔。叶卵圆形，基部截平至浅心形，全缘，稀1～3浅裂，嫩叶上面被很快脱落微柔毛，下面被渐脱落棕褐色微柔毛，成长叶上面深绿色，无毛，下面灰绿色，被贴伏微柔毛；掌状脉5（～7）条；叶柄与叶片近等长，几无毛。花雌雄同株，先叶或与叶同时开放；花瓣白色，有淡红色脉纹，倒卵形，基部爪状。核果近球状，果皮光滑；种皮木质。

花期3～4月，果期8～9月。

[产区介绍] 来凤属亚热带季风湿润山地气候，地理气候条件非常适宜油桐生产。2009年4月8日，国家质检总局批准对"金丝桐油"实施地理标志产品保护。

[价值] 金丝桐油是一种良好的干性油，具有干燥快、密度小、光泽好、不导电、抗热潮、耐酸碱及防腐防锈等优良特性，广泛应用于农业、军工、电器、化工以及家具、工艺品等行业，还可降低毛细血管的通透性和脆性，对治疗脑血栓后遗症和脑动脉硬化效果较好。

参考文献

[1] 傅书遐.湖北植物志（第1～4卷）[M].武汉：湖北科学技术出版社，2002.

[2] 国家中医药管理局中华本草编委会.中华本草[M].上海：上海科学技术出版社，1999.

[3] 国家药典委员会.中华人民共和国药典[M].8版.北京：化学工业出版社，2005.

[4] 国家药典委员会.中华人民共和国药典[M].11版.北京：中国医药科技出版社，2010.

[5] 贾敏如，李星炜.中国民族药志要[M].北京：中国医药科技出版社，2005.

[6] 廖廓，戴璨，王青锋.武汉植物图鉴[M].武汉：湖北科学技术出版社，2015.

[7] 南京中医药大学中药大辞典编委会.中药大辞典[M].上海：上海科学技术出版社，2006.

[8] 沈连生.本草纲目彩色图谱[M].北京：华夏出版社，1998.

[9] 王国强.全国中草药汇编[M].北京：人民卫生出版社，2014.

[10] 中国科学院植物研究所.中国高等植物图鉴（第一册）[M].北京：科学出版社，1972.

[11] 中国科学院植物研究所.中国高等植物图鉴（第二册）[M].北京：科学出版社，1972.

[12] 中国科学院植物研究所.中国高等植物图鉴（第三册）[M].北京：科学出版社，1974.

[13] 中国科学院植物研究所.中国高等植物图鉴（第四册）[M].北京：科学出版社，1975.

[14] 中国科学院植物研究所.中国高等植物图鉴（第五册）[M].北京：科学出版社，1976.

[15] 中国科学院植物研究所.中国高等植物图鉴（补编第一册）[M].北京：科学出版社，1982.

[16] 中国科学院植物研究所.中国高等植物图鉴（补编第二册）[M].北京：科学出版社，1983.

[17] 中国科学院中国植物志编辑委员会.中国植物志（全套）[M].北京：科学出版社，1994.

[18] 中国药材公司.中国中药资源志要[M].北京：科学出版社，1994.

[19] 李莉.恩施名特优农产品道地性研究策略探讨[J].湖北民族学院学报（自然科学版），2008(02): 226-229.

[20] 唐春梓，刘海华，廖朝林，等.湖北恩施地道药材黄连的发展历史与开发前景[J].宁夏农林科技，2011, 52(12): 191-192.

[21] 张万福，詹亚华，尹文仲.恩施道地药材的历史背景及传统品牌地位评价[J].中国中药杂志，2005(01): 21-24.

[22] 肖小河，夏文娟，陈善墉.中国道地药材研究概论[J].中国中药杂志，1995(06): 323-326, 382.